Introduction

Les hommes, à notre époque, ont vu les planètes en gros plan. Un engin a atteint tout récemment la si lointaine Neptune. Nous avons dressé la carte de Vénus malgré sa couverture de nuages, aperçu des volcans éteints sur Mars et d'autres en activité sur Io, l'un des satellites de Jupiter. Nous avons repéré des objets bizarres, tels que les quasars, les pulsars et les trous noirs. Non contents de regarder les étoiles grâce à leur lumière visible, nous étudions également les autres radiations qu'elles émettent : infrarouges, ultraviolets, rayons X, ondes radio. Nous avons même détecté d'infimes particules, appelées neutrinos, qui proviennent d'étoiles explosant dans d'autres galaxies.

Autrefois, les hommes, pour regarder le ciel, n'avaient que leurs yeux. Ils n'en connaissaient que ce qu'ils voyaient. Et ce qu'ils voyaient leur inspirait de belles histoires, qui donnaient un sens à leurs observations et y mêlaient le rêve. Ces histoires sont à la base du patrimoine culturel de l'humanité.

Nos bons génies, le Soleil...

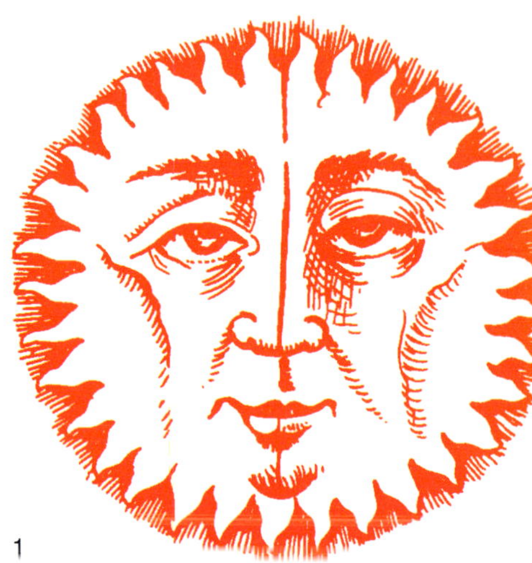

1

Les différents peuples représentaient le Soleil chacun à sa façon
1. Le Soleil dessiné en Europe au Moyen Age.
2. Le grand œil de Râ, dieu du Soleil chez les anciens Egyptiens.
3. Le Soleil, surmontant un dragon (Chine du XVIIIe siècle).
4. Quand l'été gagne le cercle polaire (arctique ou antarctique), le Soleil trace dans le ciel un arc de cercle de plus en plus long, presque parallèle à l'horizon. Au plus fort de l'été, il ne se couche pas.

Le Soleil nous dispense lumière et chaleur. A l'équateur, il est toujours haut dans le ciel. Mais, dans les régions qui en sont éloignées, il s'élève plus ou moins au-dessus de l'horizon selon les saisons. Quand il demeure bas dans le ciel, les jours raccourcissent, le temps se refroidit : c'est l'hiver. L'hiver est là pour nous rappeler que, sans le Soleil, la Terre serait à jamais plongée dans une obscurité glaciale. C'est pourquoi les Anciens ont toujours figuré le Soleil comme un dieu de gloire et de bonté. Les Grecs donnèrent au Soleil les traits d'Apollon parcourant quotidiennement le ciel sur un char de feu. Pour les Babyloniens, c'était Shamash, qui a donné leurs lois aux hommes. Son homologue égyptien Râ était tenu pour le protecteur de la nation. L'un des pharaons, Akhenaton, instaura même le culte du seul disque solaire, Aton. Akhenaton fut ainsi le premier homme connu à avoir adoré un dieu unique.

3

! La plus brillante des étoiles nous amène-t-elle la canicule ?

Sirius, l'étoile la plus éclatante, appartient à la constellation du Grand Chien, elle-même située non loin du chasseur Orion. Les anciens Grecs pensaient qu'une étoile aussi brillante devait nous envoyer de la chaleur, tel un mini-soleil. Aussi, lorsqu'ils voyaient le Soleil et Sirius ensemble au firmament, ils s'attendaient à une vague de chaleur. C'est pourquoi, en français on désigne les périodes de grande chaleur par «canicule» (petite chienne), nom que les Romains donnaient à Sirius. En anglais, les grandes chaleurs sont appelées *dog days* (journées du chien).

4

... et la Lune

2

La Lune est bien moins brillante que le Soleil, mais la lumière froide qu'elle nous envoie nous est quand même bien utile la nuit, quand le Soleil est couché. Dans les légendes, la Lune est une divinité féminine favorable aux hommes. Les Grecs la nommaient Selênê ou Artémis, les Egyptiens, Isis. La Lune a une apparence changeante, qui varie à intervalles réguliers. C'est le cycle des phases de la Lune, qui va d'un mince croissant à un disque. C'est ce cycle lunaire qui servit de base aux anciens calendriers. Il était donc très important de guetter chaque mois le retour de la nouvelle lune. Dans plusieurs langues modernes, les mots «lune» et «mois» sont formés sur la même racine. Le lundi est le jour de la lune (*Lunae dies* en latin).

1

3

1. Une montre lunaire ? Mais oui. Cette montre indique les phases de la Lune.

2. Les anciens Grecs dépeignaient la Lune comme une belle jeune femme à cheval.

3. 4. et 5. Depuis que les hommes observent la Lune, ils croient y reconnaître des figures. Le plus souvent, c'est celle de l'Homme de la Lune (dessin de gauche); certains y voient un lapin (au milieu) ou une jeune femme (à droite).

6. Ce monstre lunaire était peint sur un bouclier d'indien crow.

6

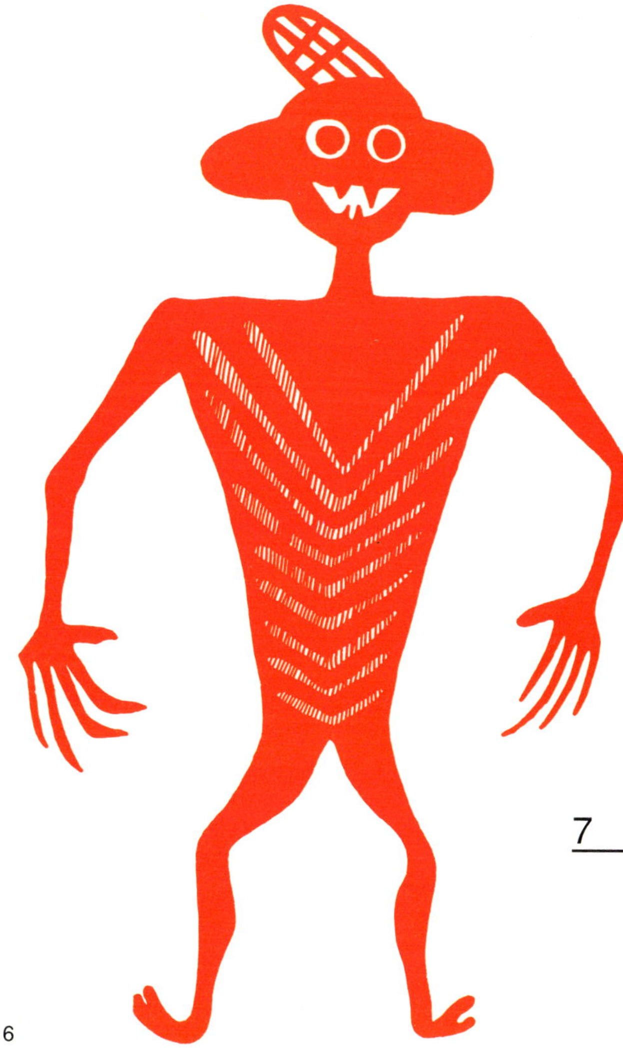
7

4

5

Les planètes de toujours

De jour en jour, de nuit en nuit, le Soleil et la Lune se déplacent sur le fond des étoiles. Ils sont imités par les cinq corps brillants que nous appelons planètes (d'un mot grec qui signifie «errant, vagabond»). Les Babyloniens donnèrent aux planètes des noms de divinités ; Grecs et Romains firent de même, et ce sont leurs noms latins que nous utilisons jusqu'à présent. La plus brillante des planètes est Vénus, symbole de la beauté. Une autre est rouge, couleur de sang ; elle porte le nom de Mars, dieu de la Guerre. La plus rapide s'appelle Mercure, d'après le messager des dieux, tandis que la plus lente a reçu le nom de Saturne, dieu des paysans. La seconde planète par l'éclat a été baptisée Jupiter, en hommage au premier des dieux. Moins brillante que Vénus, elle demeure au ciel toute la nuit, à la différence de Vénus qui n'apparaît qu'à l'aube ou au crépuscule.

水星

金星

火星

木星

Les anciens noms chinois des quatre planètes les plus brillantes. De haut en bas : l'Etoile d'Eau (Mercure), l'Etoile d'Or (Vénus), l'Etoile de Feu (Mars) et l'Etoile de Bois (Jupiter).

◀ Mercure aux pieds ailés, messager des dieux.

▼ Les astrologues prétendent que chaque planète a une influence particulière sur les gens nés sous un signe astrologique déterminé. Ici Vénus, déesse de l'Amour, est représentée sur un chariot. Elle commande aux signes du Taureau et de la Balance, figurés sur les roues du chariot.

... et celles des temps modernes

Les hommes, à l'époque moderne, ont découvert de nouvelles planètes trop éloignées pour que nos ancêtres aient pu les apercevoir. Ces nouvelles planètes ont elles aussi été désignées d'après des divinités mythologiques. Celle qui vient immédiatement après Saturne a reçu le nom du dieu du Ciel Uranus, qui était le père de Saturne. Plus loin derrière se trouve la planète du dieu de la Mer Neptune, car sa couleur verte rappelle celle des océans. Enfin vient Pluton, assimilée au dieu des Enfers parce qu'elle est la plus éloignée de la lumière solaire. Satellites et astéroïdes n'ont pas été oubliés eux non plus. Par exemple, le premier satellite découvert à la planète Neptune a reçu le nom de Triton, fils du dieu Neptune. En 1801, on aperçut le premier corps de la ceinture des astéroïdes, qui s'étend entre Mars et Jupiter, et on donna à ce corps le nom de la déesse de l'Agriculture, Cérès. Charon, minuscule satellite de la petite Pluton, Léda et Io (satellites de Jupiter), Atlas, Prométhée et Phœbé (satellites de Saturne), Junon, Eros et Pallas (astéroïdes) sont autant d'appellations tirées de la mythologie.

!

• A vous de jouer, les jeunes !

En 1930, un nouvel observatoire donna enfin aux astronomes la possibilité de localiser Pluton. Cette planète est si éloignée du Soleil qu'elle n'en reçoit que peu de lumière. C'est pourquoi une écolière anglaise de onze ans proposa de lui donner le nom de Pluton, dieu du monde souterrain, éternellement plongé dans les ténèbres. Il se trouve, d'ailleurs, que les deux premières lettres de Pluton, P et L, sont les initiales de Percival Lowell, qui fit construire l'observatoire où fut découverte la planète.

1. Charon, dans la mythologie grecque, était chargé de faire traverser aux âmes des morts le fleuve Styx, qui délimitait le royaume infernal de Pluton. En 1978, quand les astronomes découvrirent un petit compagnon à la planète Pluton, il parut tout naturel de le baptiser Charon.

2. Pluton, dieu du monde souterrain, au royaume des morts.

3. Percival Lowell, qui prit l'initiative de chercher une nouvelle planète située plus loin que Neptune.

3

1

L'éclipse, mort de l'astre ?

Il arrive, très rarement, que le ciel nous offre le spectacle insolite de la disparition soudaine du Soleil ou de la Lune. Il y a éclipse de soleil quand la Lune passe devant notre étoile et l'occulte, et éclipse de lune quand notre satellite entre dans l'ombre de la Terre.
Les peuples primitifs, ignorant les vraies causes de ces disparitions, leur trouvaient les explications les plus fantaisistes. Pour certains, le Soleil et la Lune étaient poursuivis par des loups, des dragons ou d'autres monstres qui, parfois, les rattrapaient et se mettaient à les dévorer. Les témoins de l'éclipse, alors, hurlaient et battaient du tambour pour mettre en fuite les fauves et leur faire lâcher le Soleil et la Lune. Nos deux astres ne manquent pas de réapparaître après les éclipses et ils demeureront encore visibles pendant des milliards d'années, en dépit des mythes scandinaves qui disent que des loups géants viendront, à la fin des temps, dévorer le Soleil et la Lune.

1. Un loup géant des légendes de Scandinavie s'emparant du Soleil à la fin du monde.

2. Durant les éclipses de lune, la face éclairée de notre satellite prend une teinte rouge crépusculaire à mesure qu'elle pénètre dans l'ombre de la Terre.

3. D'après une légende hindoue, c'est le dragon Rahu qui provoque les éclipses en dévorant le Soleil ou la Lune.

Des morceaux de ciel sur la Terre

De temps en temps, nous apercevons des étoiles filantes. Certaines peuplades croient qu'il s'agit d'étoiles qui tombent. En fait, ce sont des météoroïdes qui pénètrent dans l'atmosphère, y brillent d'un vif éclat (ce sont alors des météores, comme sur le timbre soviétique reproduit ci-dessus) et parfois atteignent la Terre ; leurs débris s'appellent des météorites. Depuis toujours, les hommes ont considéré les météorites comme des objets sacrés. La Pierre noire de la Kaaba, que vénèrent les musulmans à La Mecque, est sans doute une météorite. Mais comme les scientifiques ne sont pas autorisés à s'en approcher pour l'étudier, ils ne peuvent l'affirmer avec certitude.

Des astres chevelus

Parfois traversent le ciel des objets aux contours diffus suivis d'une longue traîne. Avec un peu d'imagination, on pourrait y voir des têtes de femmes en deuil aux cheveux dénoués. D'ailleurs, comète vient du grec «*komè*», qui veut dire : chevelure. La forme des comètes évoque aussi quelquefois des épées, et c'est l'une des raisons pour lesquelles les gens y voyaient de mauvais présages, les interprétant comme des signes par lesquels les dieux les avertissaient de l'arrivée prochaine de la guerre, de la peste ou d'autres cataclysmes. Les hommes se mettaient à prier, à sonner les cloches des églises pour conjurer les forces du mal. Et pourtant, les apparitions de comètes étaient toujours suivies d'événements néfastes. Un nombre encore beaucoup plus grand de catastrophes se produisait en dehors des passages de comètes, mais cela, les gens ne le remarquaient pas.

▲ La «Comète de la grande guerre», apparue en 1861 et représentée sous les traits de Jefferson Davis, président de la Confédération sudiste, était-elle un présage du déclenchement de la guerre de Sécession aux Etats-Unis ?

► La comète West illuminant le ciel d'hiver en 1976. En encart : on attribuait souvent aux comètes l'annonce de mauvaises nouvelles et, pour cette raison, on les représentait souvent comme des épées, symboles de guerre et de catastrophe.

Les queues de comètes : plus de peur que de mal

Les queues des comètes contiennent des gaz toxiques, mais en si faible quantité qu'ils ne peuvent faire de mal à personne. En 1910, on s'attendait à ce que la Terre traverse la traîne de la comète de Halley. Les astronomes avaient beau essayer de rassurer le public, bien des gens s'affolèrent. Des charlatans profitèrent de l'occasion pour vendre des pilules capables, selon leurs dires, de servir de contrepoison. Quand survint le 16 mai 1910, personne ne mourut empoisonné, du moins pas par la queue de la comète.

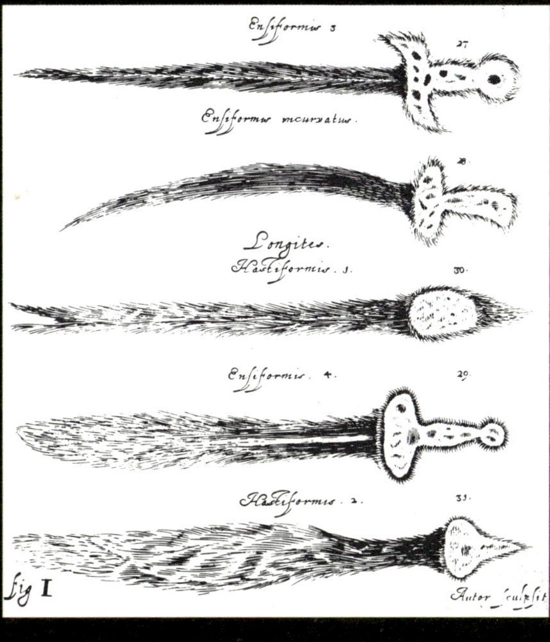
Ensiformis 3
27
Ensiformis incurvatus.
28.
Longites.
Hastiformis. 1.
30.
Ensiformis. 4.
29.
Hastiformis. 2.
31.
fig I
Autor sculpsit

Plusieurs étoiles font une constellation

Quand vous regardez les étoiles, il vous semble qu'elles forment des figures. Ces figures peuvent avoir l'aspect de carrés, de W, de zigzags. Nous établissons spontanément une relation entre les étoiles que nous apercevons proches les unes des autres. C'est ainsi que les Anciens retrouvaient au firmament la forme de personnages et d'animaux. Ces formes les aidaient à repérer les étoiles et à s'orienter. Pour eux, une étoile étaient située «dans la queue du scorpion» ou «dans la tête du chasseur». Ces figures étaient appelées «constellations», d'après des mots latins que l'on peut traduire comme «assemblage d'étoiles». Elles inspirèrent à nos ancêtres beaucoup de belles histoires.

Notre Voie lactée est-elle la dernière des constellations ?

Une bande laiteuse de lumière traverse le ciel. C'est la Voie lactée. Les Sumériens de l'Antiquité, les Vikings du Moyen Age et les Indiens d'Amérique y voyaient un pont lancé entre la terre et le ciel et qui servait au passage des morts. D'autres peuples anciens pensaient que c'était le lait d'une déesse donnant le sein à son enfant. Il s'est trouvé pourtant un Grec ancien, Démocrite, pour affirmer qu'il s'agissait d'une écharpe d'étoiles si floues et si nombreuses qu'elles donnaient l'impression d'un brouillard lumineux. Il avait raison, mais comment a-t-il pu arriver seul à cette conclusion ?

La constellation du Taureau chez les Grecs et les Romains

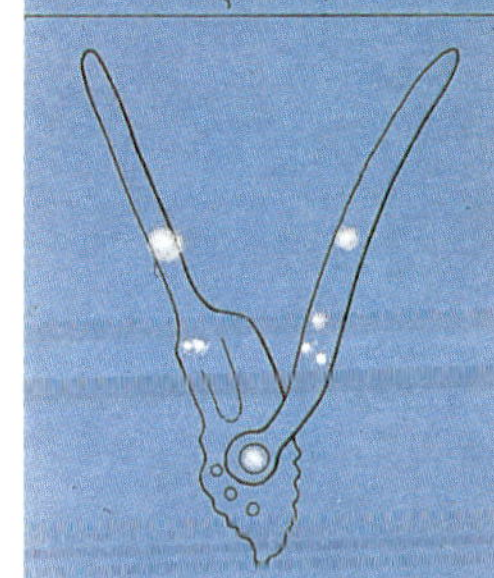

La même chez les Indonésiens : un casse-noisette

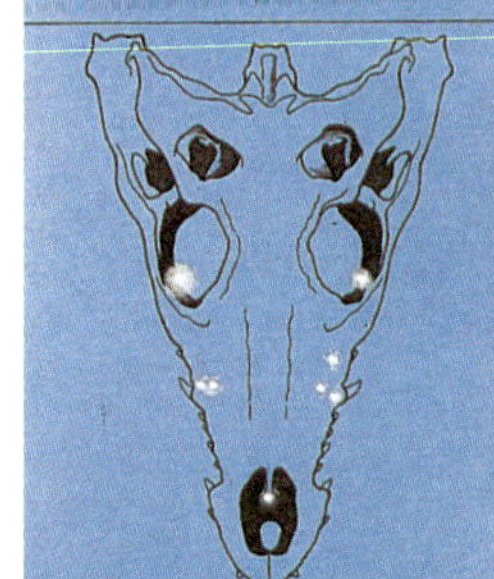

En Nouvelle-Guinée, c'est un crâne de crocodile

La tête d'un loup (Allemagne)

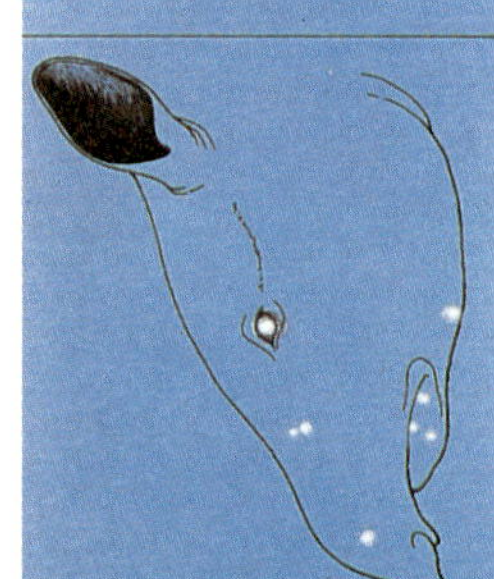

La tête d'un tapir (Amérique du Sud)

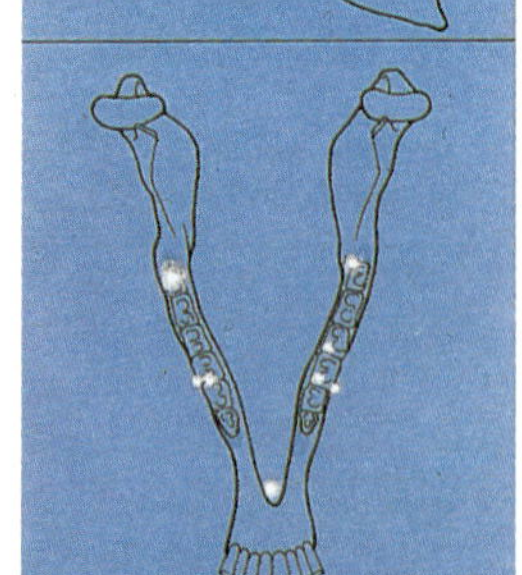

La mâchoire d'un taureau (Babylonie)

1

1. La représentation traditionnelle de la constellation d'Orion est basée sur le mythe grec d'un chasseur géant.

2. Pour les anciens Japonais, les deux étoiles les plus brillantes de la constellation d'Orion représentaient deux samouraïs qui, de part et d'autre des trois étoiles centrales de la constellation, s'apprêtent à engager le combat.

3. Le trio central d'Orion figure à nos yeux la ceinture d'un chasseur, tandis que les Japonais les interprètent de façon tout à fait différente, comme une coupe pour boire le vin aux fêtes du nouvel an.

2

3

Les vagabonds du ciel

Le Soleil, la Lune et les planètes décrivent dans le ciel un large cercle qui les ramène toujours dans les mêmes constellations. Les Anciens comptaient douze constellations, si bien que le Soleil restait un mois dans chacune d'elles. La plupart de ces constellations figuraient des animaux, et c'est pourquoi le cercle où elles se trouvaient reçut le nom de zodiaque, d'un mot grec qui signifie «figure d'animal». C'est en partie à cause du zodiaque que le nombre 12 prit une telle importance dans la mythologie et, par suite, dans notre calendrier. De nombreux historiens estiment que les signes du zodiaque ont fait leur apparition il y a près de 4 000 ans au Moyen-Orient, chez les Babyloniens. Ils auraient ensuite été transmis par ces derniers aux Grecs, aux Egyptiens et aux Chinois. Les Aztèques ont eux aussi créé un système assez semblable au zodiaque, mais les spécialistes considèrent qu'ils l'ont fait de façon indépendante.

▲ Du haut en bas : le rat, le singe et le coq, trois animaux du zodiaque japonais.

► Cette image du XIIIe siècle figure le mois de mai avec en haut le Soleil qui passe de la constellation du Taureau dans celle des Gémeaux et Vénus, déesse de l'Amour, juchée sur un chariot bleu, observe les humains.

De nouvelles constellations

Certaines constellations de l'hémisphère Nord ne se couchent jamais. L'une d'elle, la Grande Ourse, sert à retrouver l'étoile du Nord, ou Polaire. Les marins de l'Antiquité avaient remarqué que cette étoile était toujours au nord, et qu'elle pouvait les aider à retrouver le chemin du retour même quand ils s'étaient éloignés des côtes. Certaines constellations ne pénètrent jamais dans le ciel boréal. On ne les aperçoit que dans l'hémisphère Sud.
Les savants modernes se sont préoccupés de leur trouver des noms. Ils ont choisi pour cela des sujets qui n'avaient rien de mythologique, tels que : le burin, le compas, le microscope et même la machine pneumatique !

◀ A mesure que les marins occidentaux descendaient plus loin dans l'hémisphère Sud, ils découvraient de nouvelles constellations, telle l'Horloge.

▼ Avec un instrument appelé sextant et quelques formules mathématiques, les navigateurs pouvaient déduire leur position en mer de celles du Soleil et des étoiles.

Les peuples font assaut d'imagination

Nous savons que les civilisations des différentes époques ont aperçu dans les constellations des images qui sont parfois étrangement semblables. Ainsi, les Babyloniens et les anciens Mongols voyaient pareillement dans la Voie lactée une couture qui réunissait les deux moitiés du ciel. Et comme vous venez de le lire dans ce livre, d'autres peuples y ont discerné un pont que traversaient les défunts pour passer de la terre au ciel : c'est le cas des Sumériens, des Vikings et de certains Indiens d'Amérique. Mais la plupart des civilisations diffèrent dans leur perception des étoiles. Quand les Mongols du XVIIIe siècle contemplaient la Grande Ourse, ils n'y voyaient pas un ours, mais plusieurs vieillards. Les enfants de certains Indiens d'Amérique apprenaient que la Voie lactée représentait les deux bras protecteurs du Père Ciel. Les Incas avaient une lecture du ciel encore plus originale : ils interprétaient non les étoiles de la Voie lactée mais les brumes et ils y décelaient différents animaux, oiseau, renard, lama, crapaud, serpent.

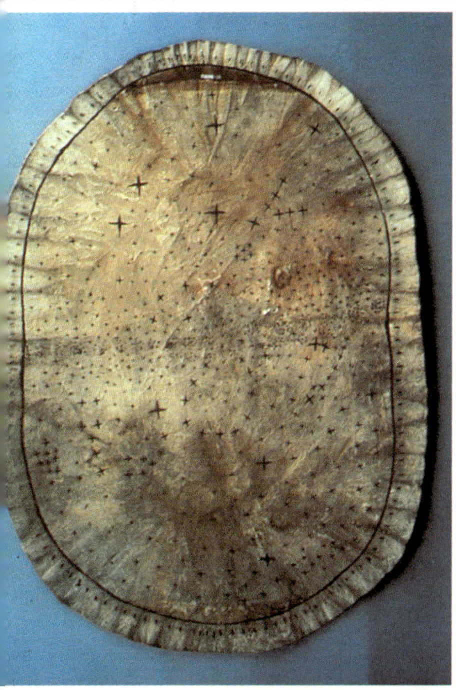

En fond d'image : un vent de poussière découpe des brèches sombres dans la Voie lactée, cette large écharpe blafarde qui traverse le ciel nocturne.

En encart à droite : une carte du ciel tracée sur une peau de cerf par des Indiens Skidi Pawnee. On y voit les étoiles de plusieurs constellations, dont la Petite et la Grande Ourse.

En encart à gauche : les Incas d'Amérique du Sud ont formé des constellations à partir des taches sombres de la Voie lactée.

D'une étoile polaire à l'autre

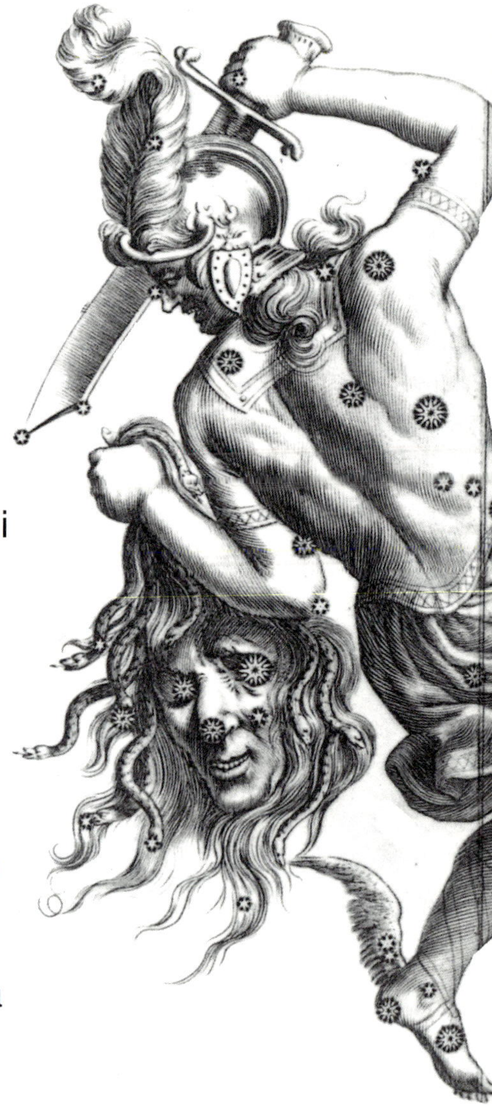

Pour les Norvégiens, c'était une pique plantée dans l'Univers et autour de laquelle tournaient les cieux. Pour les Mongols, c'était une cheville d'or qui empêchait les cieux de se disloquer. Les Chinois en faisaient l'empereur qui commandait à toutes les étoiles. En Inde, c'était le lieu des méditations d'un jeune prince pieux. Et, dans tous les cas, il s'agissait de cette même étoile Polaire qui a guidé les voyageurs pendant des milliers d'années. Mais il n'y a pas qu'une étoile polaire. L'axe de notre planète oscille légèrement, ce qui explique qu'au cours des siècles, notre Terre modifie sa position par rapport aux étoiles. Plusieurs de celles-ci ont ainsi occupé successivement la position du nord : Alderamin, Deneb, Véga, Thuban. Il y a eu aussi bien des périodes où aucune étoile n'occupait exactement la position du nord.

L'étoile maudite : oserez-vous la regarder ?

Persée, un héros de la mythologie grecque, tua la Méduse, un monstre à la tête couverte de serpents. Selon la légende, quiconque levait les yeux sur la Méduse était aussitôt changé en pierre. Comme on le voit sur le dessin en haut à droite de cette page, la constellation de Persée supporte la tête de la Méduse. Sur cette tête se détache une étoile plus brillante à éclat variable. Les Anciens ne mentionnent pratiquement jamais ces variations d'éclat; ils les avaient sûrement remarquées, mais préféraient, par prudence, ne pas en parler. Ils avaient dénommé cette étoile l'étoile du Démon, et les Arabes Algol (l'Ogre), nom qui lui est resté jusqu'à aujourd'hui.

Page de droite : le ballet des étoiles dans le ciel, fixé sur cette photo à long temps de pose. Les étoiles les plus proches de la Polaire se déplacent à peine. Ci-dessus : les deux étoiles de l'extrémité de la Grande Ourse montrent la direction de l'étoile Polaire.

Les mythes modernes

Les hommes ont bien des façons de parler du ciel. Ce que peuvent vous en dire les astronomes, vous en avez maintenant une petite idée. Mais il existe aussi ceux que l'on appelle des astrologues. Leur profession, l'astrologie, qui remonte à des temps reculés, consiste à trouver des moyens de prédire l'avenir. Pour cela, ils utilisent la position des planètes dans le zodiaque. Les savants n'ont pas grande confiance dans l'astrologie, mais il y a beaucoup de gens qui leur prêtent foi, tout comme les Anciens croyaient dur comme fer à toutes les histoires qui circulaient alors sur le ciel. L'histoire nous apprend ainsi qu'il ne suffit pas aux hommes de percer les secrets del'univers ; ils veulent aussi pouvoir trouver un sens caché aux phénomènes du ciel.

Astroscope

Votre horoscope quotidien

Ce que les astres vous conseillent pour le vendredi 10 novembre 1990

♒ **Verseau**
(personnes nées entre le 20 janvier et le 19 février)
Recherchez et fréquentez ceux qui ont les mêmes intérêts que vous. Vous avez peut-être plus de choses en commun avec les autres que vous ne le pensez !

♓ **Poisson**
(personnes nées entre le 20 février et le 20 mars)
Méfiez-vous de ceux qui semblent avoir les mêmes intérêts que vous. Ils cherchent peut-être tout simplement à profiter de vous.

♈ **Bélier**
(personnes nées entre le 21 mars et le 20 avril)
Ne vous laissez pas décourager par les erreurs que vous commettrez aujourd'hui. Un peu de patience, et tout s'arrangera.

♉ **Taureau**
(personnes nées entre le 20 avril et le 20 mai)
Aujourd'hui, beaucoup de gens vous diront des choses aimables. Prêtez-y attention. Leurs opinions peuvent avoir leur prix.

♊ **Gémeaux**
(personnes nées entre le 21 mai et le 20 juin)
Aujourd'hui, beaucoup de gens exprimeront sur vous des opinions favorables. Soyez sur vos gardes. Méfiez-vous-en.

♋ **Cancer**
(personnes nées entre le 21 juin et le 22 juillet)
Préparez votre projet de grand voyage en voiture.

Lion
ersonnes nées entre le 23 juillet
22 août)
jourd'hui n'est pas votre jour de
ance. Demeurez à bonne distance
tout ce qui est machine.

Vierge
ersonnes nées entre le 23 août
le 22 septembre)
uelqu'un vous fournira
rement aujourd'hui une occasion
dépenser une grosse somme
argent. Regardez-y à deux
s avant de vous lancer dans
dépense.

Balance
ersonnes nées entre le
septembre et le 23 octobre)
a des gens moins heureux que
us. Aujourd'hui, vous saurez
les trouver et vous verrez ce que
us pouvez faire pour eux.

Scorpion
ersonnes nées entre le 23 octobre
le 22 novembre)
ne bonne journée pour rencontrer
s amis. Trouvez tous ceux que
us pourrez dont l'anniversaire
mbe à peu près en même temps
e le vôtre et faites la fête
semble.

Sagittaire
ersonnes nées entre le
novembre et le 21 décembre)
mettez pas les gens dans
mbarras par une vaine agitation.
e bonne journée pour rester chez
us. Faites de la pâtisserie pour
elqu'un qui a votre affection.

Capricorne
ersonnes nées entre le
décembre et le 19 janvier)
placez-vous. Ne demeurez pas
p longtemps au même endroit.
est le jour où vous devez
rprendre!

1

2

1. Les astrologues prétendent, sans trop se donner la peine de le prouver, que les étoiles et les planètes ont une influence sur nos humeurs et les événements qui peuvent affecter notre existence. Ils ne font ainsi que continuer la tradition des mages d'autrefois. De nos jours encore, les quotidiens à grand tirage publient régulièrement des horoscopes.

2. Le télescope de 4 m de l'observatoire national de Kitt Peak cherche au fond du ciel les réponses aux questions que nous nous posons sur le cosmos.

Quelques repères :

la mort des constellations

On a parfois du mal à s'imaginer ce qui pouvait trotter dans le cerveau de ceux qui observaient le ciel quand ils choisissaient des noms pour les combinaisons d'étoiles que nous apercevons depuis la Terre. Comment, par exemple, ont-ils bien pu identifier à un chasseur un groupe d'étoiles qui nous rappellerait plutôt un sablier (voir pp. 16-17). En fait, les gens ont bien des raisons de donner tel ou tel nom aux choses. Si un rassemblement d'étoiles nous rappelle un télescope, nous pouvons l'appeler un télescope. Mais, parfois aussi, nous donnons aux objets des noms tirés de mythes et de légendes auxquels nous croyons, ou qui nous rappellent des objets, des événements ou des personnes mémorables. Tel est le cas d'Orion. Il en est de même d'ailleurs pour l'histoire des noms de lieux. Croit-on que la capitale des Etats-Unis s'appelle Washington parce que la forme de son territoire reproduit les traits du premier président du pays ? Bien des raisons expliquent également la disparition des noms, des formes et des légendes de certaines constellations. Parfois, au cours des siècles, les étoiles se sont suffisamment déplacées pour brouiller leurs anciennes combinaisons. Dans d'autres cas, ce sont des civilisations entières, comme celle des Indiens d'Amérique, qui ont disparu suite à des invasions. Il arrive aussi que les générations postérieures préfèrent oublier une appellation qui leur paraît trop sentimentale. Quelquefois, la constellation ne disparaît pas, mais change simplement de nom, comme dans le cas d'Andromède. Toutes les constellations énumérées dans le tableau ou représentées sur les illustrations de cette double page ont cessé d'exister. Mais ce qu'elles nous rappellent, et qui ne changera jamais, c'est que les hommes ont la passion d'observer l'Univers et d'en interpréter les phénomènes.

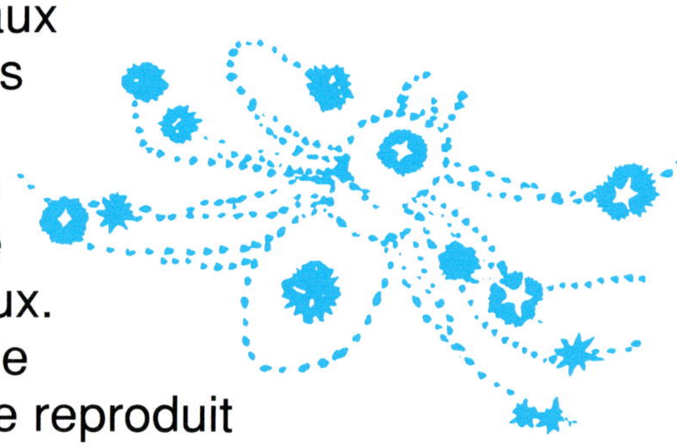

Trois constellations oubliées des amateurs d'astronomie contemporains : le Crapaud, l'Araignée et l'Archange Gabriel, qui reprend la forme de Pégase (le cheval ailé).

Les constellations délaissées

Noms	Remarques
Tiamat	Pour les Babyloniens, elle représentait la Grande Mère que son fils avait assassinée pour avoir comploté contre les dieux. Comme pour beaucoup d'autres, cette constellation fut reprise par les Grecs, et on la connaît aujourd'hui sous le nom d'Andromède, une femme qui, d'après la légende, aurait été sauvée d'un monstre marin (la Baleine, autre constellation) par le héros grec Persée (encore une constellation).
Le mont Ménalus	Nommée ainsi en 1679 d'après la montagne où le dieu grec Pan avait sa demeure.
Le Crapaud	Nommée en 1768 par John Hill, médecin anglais excentrique. Elle est formée d'un groupe d'étoiles proche des constellations du Scorpion et de la Balance.
La limace	Nommée également en 1768 par le même John Hill. La plus grande partie des étoiles de cette constellation perdue se situaient vers la tête et le bas du corps de la limace ; le milieu du corps en contenait peu.
Le Chat	Baptisée en 1799 par J.L. de Lalande, qui aimait beaucoup les chats. Cette dénomination est tombée en désuétude depuis le XIXᵉ siècle.
L'Atelier de l'Imprimeur	Constellation visible dans l'hémisphère Sud. A reçu ce nom en 1799 en l'honneur de l'invention de la presse typographique.
Le Télescope Herschel II	Portait le nom du célèbre astronome anglais d'origine allemande auquel on doit la découverte d'Uranus.
Le cercle des Chefs	Représente Tirawahat, force centrale de l'Univers. Son nom lui a été donné par les Indiens Skidi Pawnee, qui disposèrent une fois leurs habitations de façon à reproduire les positions de leurs principales divinités célestes.
Les Sept garçons changés en oies	Ainsi nommée par les Indiens Chumash de Californie. Correspond à la Grande Ourse.

Que lire, que visiter, où se renseigner ?

Si vous voulez en savoir plus sur les comètes et les astéroïdes

Lisez :

- *Guide pour observer le ciel*, par Isaac Asimov, Père Castor Flammarion (1990) ;
- *Astronomie*, sous la direction de Philippe de La Cotardière, Larousse (1989) ;

que vous consulterez dans une bibliothèque ou demanderez à votre libraire.

Allez visiter :

en France :

- le palais de la Découverte, à Paris, Grand Palais, métro Franklin-D.-Roosevelt ou Champs-Élysées-Clemenceau ;
- la Cité des Sciences et de l'Industrie de la Villette, à Paris, métro Porte de la Villette ;
- l'observatoire le plus proche de votre localité. Pour connaître son adresse, écrivez à l'Observatoire de Paris, 61, avenue de l'Observatoire, 75014 Paris.

Et, si vous habitez le **Canada :**

- Planétorium Dow
  1000 ouest, rue St-Jacques
  Montréal, Qc H3C 1G7 ;
- Ontario Science Centre,
  770, Down Mills Road
  Toronto, Ontario M3C 1T3 ;
- Royal Ontario Museum,
  100, Queen Park, Toronto,
  Ontario M5S 2C6 ;
- National Museum of Natural Sciences,
  Coin McLeod et Metcalfe
  Ottawa, Ontario K1P 6P4 ;

Si vous voulez connaître les **clubs d'astronomie** de votre région, adressez-vous aux associations suivantes :

en France :

- Association française d'astronomie,
  tél. (1) 45 89 81 44 ;
- Société astronomique de France, tél. (1) 42 24 13 74 ;

en Belgique :

- Cercle astronomique de Bruxelles (CAB),
  43, rue du Coq, 1180 Bruxelles;
- Société astronomique de Liège (SAL)
  Institut d'astrophysique,
  avenue de Cointe 5
  4200 Cointe-Liège,
  tél. 041/52 99 80 ;
- Société royale belge d'astronomie, de météorologie et de physique du globe (SRBA)
  Observatoire royal de Belgique,
  avenue Circulaire 3
  1180 Bruxelles
  tél. 2/373 02 53

en Suisse :

- Société astronomique de Suisse (SAS),
  Hirtenhofstrasse 9,
  6006 Lucerne ;
- Société vaudoise d'astronomie (SVA),
  chemin de Pierrefleur 22,
  1004 Lausanne ;

au Québec :

- Société astronomique de Montréal,
  tél. (514) 453 0752.

Ecrivez :

- à l'Association française d'astronomie, 17, rue Émile-Deutsch-de-La-Meurthe, 75014 Paris.
  Vous pouvez également expédier votre demande de renseignement à la boîte aux lettres du service SOSASTRO de l'Association française d'astronomie en faisant sur Minitel 3615, code AFA, puis en choisissant le service « Astronef » ;
- à la Société astronomique de France (SFA),
  3, rue Beethoven, 75016 Paris.

Crédits photo : page de couverture : design by Matthew Groshek and Kate Kriege/© Gareth Stevens, Inc., 1989 ; p. 4 : copyright-free reproduction from Ridley's *A short Treatise of Magnetic Bodies and Motions* ; p. 4/5 et 5 (haut) : Michael Holford (bas) : © Forrest Baldwin ; p. 6 : photographs by Matthew Groshek/© Gareth Stevens, Inc., 1989 ; p. 6/7 (haut) : Michael Holford, (bas) et p. 7 (bas) : Rick Karpinski/DeWalt and Associates, 1989, (haut) : copyright-free reproduction of a Crow Indian shield, *ca.* 1804 ; p. 9 (haut) : © Keith Ward, 1989, (bas) : Yerkes Observatory photograph ; p. 11 (haut) : Mary Evans Picture Library, (bas gauche) : © Keith Ward, 1989, (bas droite) : Lowell Observatory photograph ; p. 12 (gauche et bas) : Rick Karpinski/DeWalt and Associates, 1989, (haut) : © Matthew Groshek, 1986 ; p. 14 : Historical Pictures Service, Chicago ; p. 15 (pleine page) : © John Laborde, 1976, (bas droite) : courtesy of the Adler Planetarium, Chicago ; p. 16 : © Sally Bensusen, 1989 ; p. 17 (haut) : © Keith Ward, 1989, (bas - les deux) : Rick Karpinski/DeWalt and Associates, 1989 ; p. 18 : © Matthew Powell, 1989 ; p. 19 : Giraudon/Art Resource, New York ; p. 20/21 : © Gareth Stevens, Inc., 1989 ; p. 21 : Mary Evans Picture Library ; p. 22/23 : National Optical Astronomy Observatories ; p. 22 : © Sally Bensusen ; p. 23 : Field Museum of Natural History, #16231c ; p. 24 : the University of Chicago Library ; p. 24/25 : © H. M. Heyn, 1988 ; p. 25 : National Optical Astronomy Observatoriesp. 26 : photographs by Matthew Groshek/© Gareth Stevens, Inc., 1989 ; p. 27 (haut) : Ann Ronan Picture Library, (bas) : National Optical Astronomy Observatories ; p. 28/29 : courtesy of the Adler Planetarium, Chicago ; p. 4,6, 8, 10, 13, 14, 16, 18, 21, 23, 24, 26 et 28 (timbres) : from the collection of George G. Young, Astronomy Study Unit of the American Topical Association.

Lexique

Astéroïdes :
Corps célestes faits de roches ou de métal, qui gravitent autour du Soleil et dont les dimensions vont d'un à plusieurs centaines de kilomètres. On en compte plusieurs milliers dans le système solaire, entre les orbites de Mars et de Jupiter.

Astre :
Tout corps céleste naturel.

Astronomes :
Savants qui étudient les corps célestes.

Atmosphère :
Enveloppe de gaz qui entoure certaines planètes.

Austral :
Qui se rapporte au sud. L'opposé est boréal.

Babyloniens :
Habitants de l'un des tout premiers foyers de la civilisation humaine. Ils vivaient au deuxième millénaire et au début du premier millénaire avant notre ère dans le milieu et le sud de l'Irak actuel. C'est chez les Babyloniens que l'astronomie a fait ses premiers pas.

Boréal :
Qui se rapporte au nord. L'opposé est austral.

Comète :
Corps formé de glace, de pierres et de gaz ; est suivie d'une traînée de vapeur qui devient visible quand l'orbite de la comète est proche du Soleil.

Eclipse :
Passage d'un corps céleste dans le cône d'ombre d'un autre. Durant une éclipse solaire, certaines régions de la Terre se trouvent dans l'ombre de la Lune, qui mord sur le disque solaire et l'occulte pour quelque temps. Lors d'une éclipse de lune, celle-ci, placée dans l'alignement du Soleil et de la Terre, traverse le cône d'ombre de la Terre.

Equateur :
Ligne imaginaire qui passe à égale distance des deux pôles de la Terre (ou de tout autre corps céleste sphérique), séparant l'hémisphère Nord de l'hémisphère Sud.

Firmament :
Le ciel, la voûte céleste.

Graviter :
Un astre plus léger gravite autour d'un autre plus lourd quand il est obligé de tourner autour de lui sous l'action de sa force gravitationnelle.

Météore :
Météoroïde qui a pénétré dans l'atmosphère terrestre.

Météorite :
Ce qui reste d'un météoroïde après qu'il a heurté la Terre.

Météoroïde :
Bloc de rocher ou de métal se déplaçant dans l'espace. Les météoroïdes peuvent avoir la taille des astéroïdes, mais parfois aussi ils ne dépassent pas celle d'un grain de poussière.

Occulter :
Un corps céleste en occulte un autre quand il passe entre lui et nous, nous empêchant ainsi de le voir.

Orbite :
Trajectoire, en général de forme à peu près circulaire, parcourue dans l'espace par les corps célestes.

Phases de la Lune :
Etats différents d'éclairement de la Lune par le Soleil. Il faut un mois lunaire, soit près d'un mois solaire pour passer d'une pleine Lune à la suivante.

Planète :
Corps céleste tournant autour du Soleil. La Terre, où nous vivons, en est une.

Zodiaque :
Echarpe de constellations qui ceinture le ciel et contient les trajectoires du Soleil, de la Lune, de Mercure, Vénus, Mars, Jupiter et Saturne.

Isaac Asimov

Né en 1920 en Russie, Isaac Asimov a suivi très jeune ses parents aux États-Unis, où il a fait des études de biochimie avant de devenir l'un des écrivains les plus féconds de notre siècle. On lui doit plus de quatre cents titres publiés dans des domaines aussi différents que la science, l'histoire, la théorie du langage, les romans fantastiques et de science-fiction. Sa brillante imagination et sa vaste érudition ont su lui gagner l'attachement de ses lecteurs, enfants comme adultes. Il a obtenu le prix Hugo de la science-fiction et le prix Westinghouse de l'Association américaine attribué à des ouvrages scientifiques. Il est surprenant de constater que de nombreuses anticipations d'Isaac Asimov se sont révélées prémonitoires. Et c'est là une des raisons de l'attrait qu'exercent ses textes.

Isaac Asimov a déjà beaucoup écrit pour les jeunes et son intérêt pour la littérature de jeunesse ne fait que croître avec les années. Passionné à traquer le savoir, il cherche à faire partager ses découvertes, à les redire avec ses mots à lui, en les rendant plus accessibles, plus facilement compréhensibles. Il possède de remarquables talents de pédagogue : sa plume, quand il traite de la science, est animée d'un tel enthousiasme pour son sujet qu'on ne peut s'empêcher de le partager. Mais Isaac Asimov ne se contente pas de transmettre des connaissances, il est profondément préoccupé par les conséquences que peut avoir la science sur le destin de l'homme.

" Mon message, c'est que vous vous souveniez toujours que la science, si elle est bien orientée, est capable de résoudre les graves problèmes qui se posent à nous aujourd'hui. Et qu'elle peut aussi bien, si l'on en fait un mauvais usage, anéantir l'humanité. La mission des jeunes, c'est d'acquérir les connaissances qui leur permettront de peser sur l'utilisation qui en est faite."

Isaac Asimov

La Bibliothèque de l'Univers

On comprend qu'avec de telles préoccupations, Isaac Asimov ait été amené à s'intéresser à l'espace, où se trouvent les clés de l'apparition et du maintien de la vie sur la Terre. Le cosmos a tout particulièrement inspiré les œuvres d'imagination d'Asimov, mais ce dernier lui a également consacré des études d'un niveau élevé.

Et voici que maintenant, Isaac Asimov s'est attelé à la rédaction d'une véritable Bibliothèque de l'Univers, source d'informations unique en son genre, qui englobe à la fois le passé, le présent et l'avenir. Pendant des mois de préparation, l'auteur s'est interrogé sur ce que sera l'espace quand nos enfants auront grandi. Ils seront témoins de l'établissement d'une station spatiale, de la lente mise en route d'exploitations minières sur le sol de la Lune. Ils suivront peut-être le vol d'une équipe mixte USA/URSS vers Mars.

La passion d'Asimov à «enseigner l'espace» n'est pas une fin en soi. *«Plus il y aura d'êtres humains captivés par la science,* écrit-il, *et plus notre société sera en sécurité.»*

Titres parus :

Les astéroïdes
Les comètes
ont-elles tué les dinosaures ?
Fusées, satellites et sondes spatiales
Guide pour observer le ciel
La Lune
Mars, notre mystérieuse voisine
Notre système solaire
Notre Voie lactée
et les autres galaxies
Pulsars, quasars et trous noirs
Saturne et sa parure d' anneaux
Le Soleil
Uranus : la planète couchée
La Terre : notre base de départ
Y a-t-il de la vie
sur les autres planètes ?
Comment est né l'Univers ?
Mercure : la planète rapide
Les objets volants non identifiés
Les astronomes d'autrefois
Vie et mort des étoiles
Jupiter : la géante tachetée
Science-fiction et faits de science
La pollution de l'espace
Pluton : une planète double ?
La colonisation
des planètes et des étoiles
Comètes et météores
Les mythes du ciel
Vols spatiaux habités
Neptune : la planète glacée

A paraître :

Vénus : un mystère bien enveloppé
Les programmes
spatiaux dans le monde
L'astronomie aujourd'hui
Le génie astronomique

Aubin Imprimeur Ligugé, Poitiers — X-1991 — Dépôt légal : novembre 1991 — N° d'édition 16703 — N° d'impression : P 38405 — ISBN : 2-08-161475-8 — ISSN : 1147-288-X